BEI GRIN MACHT SICH IHR WISSEN BEZAHLT

- Wir veröffentlichen Ihre Hausarbeit, Bachelor- und Masterarbeit
- Ihr eigenes eBook und Buch - weltweit in allen wichtigen Shops
- Verdienen Sie an jedem Verkauf

Jetzt bei www.GRIN.com hochladen und kostenlos publizieren

Bibliografische Information der Deutschen Nationalbibliothek:

Die Deutsche Bibliothek verzeichnet diese Publikation in der Deutschen Nationalbibliografie; detaillierte bibliografische Daten sind im Internet über http://dnb.d-nb.de/ abrufbar.

Dieses Werk sowie alle darin enthaltenen einzelnen Beiträge und Abbildungen sind urheberrechtlich geschützt. Jede Verwertung, die nicht ausdrücklich vom Urheberrechtsschutz zugelassen ist, bedarf der vorherigen Zustimmung des Verlages. Das gilt insbesondere für Vervielfältigungen, Bearbeitungen, Übersetzungen, Mikroverfilmungen, Auswertungen durch Datenbanken und für die Einspeicherung und Verarbeitung in elektronische Systeme. Alle Rechte, auch die des auszugsweisen Nachdrucks, der fotomechanischen Wiedergabe (einschließlich Mikrokopie) sowie der Auswertung durch Datenbanken oder ähnliche Einrichtungen, vorbehalten.

Impressum:

Copyright © 2016 GRIN Verlag, Open Publishing GmbH
Druck und Bindung: Books on Demand GmbH, Norderstedt Germany
ISBN: 9783668316201

Dieses Buch bei GRIN:

http://www.grin.com/de/e-book/341773/der-fuzzy-controller-grundlagen-der-funktionsweise

Stefan Landfried

Der Fuzzy Controller. Grundlagen der Funktionsweise

GRIN Verlag

GRIN - Your knowledge has value

Der GRIN Verlag publiziert seit 1998 wissenschaftliche Arbeiten von Studenten, Hochschullehrern und anderen Akademikern als eBook und gedrucktes Buch. Die Verlagswebsite www.grin.com ist die ideale Plattform zur Veröffentlichung von Hausarbeiten, Abschlussarbeiten, wissenschaftlichen Aufsätzen, Dissertationen und Fachbüchern.

Besuchen Sie uns im Internet:

http://www.grin.com/

http://www.facebook.com/grincom

http://www.twitter.com/grin_com

AKAD University Stuttgart
Studiengang zum Master of Engineering (FH)

Assignment

- Der Fuzzy-Controller -

Inhaltsverzeichnis

Abbildungsverzeichnis I
Abkürzungsverzeichnis I
Formelverzeichnis I
1. Einleitung 1
   1.1 Begründung der Themenstellung 1
   1.2 Zielsetzung und Aufbau der Arbeit 1
2. Grundlagen und Begriffsabgrenzung 2
   2.1 Der Fuzzy-Controller 2
   2.2 Die Fuzzifizierung 3
   2.3 Inferenzverfahren und Regelbasis 3
   2.4 Die Defuzzifizierung 5
3. Darstellung der Funktionsweise des Fuzzy-Controllers anhand eines Beispiels 5
4. Abgrenzung des Fuzzy-Controllers zu regelbasierten Systemen ohne Fuzzy-Logik . 10
5. Fazit und kritische Reflektion 11
Literaturverzeichnis II

Abbildungsverzeichnis

Abbildung 1: Darstellung der linguistischen Variablen

Abbildung 2: Graphische Auswertung der Regeln

Abbildung 3: Darstellung des Ergebnisses aus der Defuzzifizierung

Abkürzungsverzeichnis

K	Bremskraft
A	Abstand zum Hindernis
G	Geschwindigkeit
Hi	Erfüllungsgrad
Us	scharfe Ausgangsgröße
Ui	Abszissenstützpunkte
µB*(ui)	Zugehörigkeitsgrad für ui
q	Anzahl der Abszissestützpunkte

Formelverzeichnis

Formel 1: Funktion µK

Formel 2: Gleichung der Schwerpunktmethode

1. Einleitung

1.1 Begründung der Themenstellung

Seit Anbeginn der geschichtlichen Entwicklung der Mathematik beschäftigt sich diese mit der Logik der Bestimmung von wahren und falschen Aussagen. Dieses Vorgehen stellt ein zweiwertiges Bewertungssystem mit scharfen Aussagen dar. Bestimmte Sachverhalte lassen sich aber nicht scharf beschreiben, obwohl eine Umsetzung der Steuerung anhand dieser Befehle gerade notwendig erscheint. Hier greift die Besonderheit der Eigenschaften des Fuzzy-Controllers, welche auf linguistischen Ausdrücken und einer Regelbasis, basieren. Im Bereich der linguistischen Ausdrücke kann man die alltäglich bewusst und unbewusst verwendeten Steuerungsausdrücke, wie z.B. „etwas mehr oder weniger" oder „sehr hell oder doch ein wenig dunkler" finden. Hier entstand das Ziel in der Technik, diese linguistischen Ausdrücke umzusetzen bzw. zur Anwendung im Steuerungs- und Regelbereich einzusetzen.[1] Die Schwierigkeit liegt aber genau hier, in der Umsetzung dieser vagen Aussagen, welche oberflächlich betrachtet doch leicht verständlich wirken, aus technischer Sicht schwer in scharfe Stellgrößen abzubilden sind. Genau diese Theorie des unsicheren Schließens der Fuzzy-Logik wurde von Lotfi A. Zadeh im Jahre 1965 begründet.

Das Fuzzy-Control-System wird in der Literatur als Fuzzy-Controller und Fuzzy-Regler geführt. Dieses System gewann im Laufe der Zeit immer mehr an Bedeutung, da der Einsatzbereich in der Regelungstechnik, Sensorik und Datenanalyse sehr erfolgreich ist. Ebenfalls für die Problembearbeitung in geschlossenen mathematischen Modellen stellt diese Methode eine gute Anwendungsmöglichkeit dar. Aufgrund dieser Umsetzungsmöglichkeiten stellt der Fuzzy-Controller ein wichtiges Modell dar und wird im Folgenden aufgezeigt.

1.2 Zielsetzung und Aufbau der Arbeit

Ziel dieser Arbeit ist die Erarbeitung der Besonderheiten des Fuzzy-Controllers, welches nicht mittels regelbasierten Systemen ohne Fuzzy-Logik arbeiten. Dieses Erarbeitungsziel enthält die nachfolgend genannten Punkte.

---

[1] Vgl. Thomas, O.; (2009); S. 168

Zu Beginn erfolgt die Erarbeitung der Grundlagen des Fuzzy-Control-Systems und der hierzu relevanten Begrifflichkeiten, welche unter anderem speziell für diese Methode sind. Um dieses verständlicher darzustellen und die Funktionsweise aufzuzeigen, erfolgt die Erarbeitung eines Beispiels. Dieses Beispielwird anhand eines Bremsvorgangs von einem PKW aufgezeigt. Abschließend erfolgt die Erarbeitung der Vor- und Nachteile von Fuzzy-Controllern, unter Einbeziehung einer Gegenüberstellung regelbasierten Systemen ohne Fuzzy-Logik.

2. Grundlagen und Begriffsabgrenzung
2.1 Der Fuzzy-Controller

Im Folgenden wird die Grundlage der Fuzzy-Controller abgebildet, auf welche die weiteren Abschnitte aufbauen werden.

Als Fuzzy-System wird ein wissensbasiertes System verstanden. Wie bereits eingangs beschrieben ist eine der Hauptcharakteristika des Fuzzy-Controllers die Anzahl der möglichen Therme aus dem linguistischen Bereich. Hier wird nicht nur eine zweiwertige Logik, sondern eine vielwertige Logik betrachtet.[2] Kurz um kommt hier kein binäres 0 und 1 in Frage.

Als Beispiel kann hier auf das spätere Anwendungsbeispiel vorgegriffen werden. Die Leistung einer Bremskraftanlage, welche den Bremsvorgang primär beeinflusst, wird nicht nur mit den Paramater-Werten „keine Krafteinwirkung" oder „volle Krafteinwirkung" angegeben, welches in der Folgerung sonst wieder ein zweiwertiges binäres System darstellen würde. Hier kann eine Abstufung erfolgen, welche sich z. B. in einer Reduzierung der Geschwindigkeit durch den Bremsvorgang im PKW äußern kann, ohne stehen zu bleiben. Dies wäre der Beginn der Definition von Zwischenschritten. Es existieren beliebig viele Zwischenzustände, welche sich in den gewünschten Werten der Geschwindigkeitsreduzierungen ausdrücken.

---

[2] Vgl. Zimmermann, H.; (1993); S. 107

Entscheidend ist es den Namen Fuzzy zu verstehen, welches auch gleich die Besonderheit aufzeigt. Der Begriff Fuzzy stammt aus dem englisch sprachigen Raum und steht für „unscharf" oder „verwischt". Aus diesem Zusammenhang heraus kann die für den Fuzzy-Controller verwendeten Werte wie folgt definiert werden. Für scharfe physikalische Eingangsgrößen wird ein Regelalgorithmus zum Einsatz gebracht und dieser wandelt diese Eingangsgröße in eine definierte Stellgröße. Die Umsetzung des Fuzzy-Control-Systems erfolgt in verschiedenen Schritten, welche im groben die Fuzzifizierung, das Inferenzverfahren und die Zugehörigkeitsfunktion wichtig sind und weiterführend maßgeblich für die Wahl der abschließenden Defuzzifizierungsmethode mitwirken.[3]

2.2 Die Fuzzifizierung

Unter Fuzzifizierung versteht man das Überführen eines scharfen physikalischen Eingangswertes in einen Fuzzy-Wert. Als scharfe Werte kann synonym auch klar definierte Werte genannt werden. Ein Fuzzy-Wert stellt sich als unscharfe Beschreibung dieses klar definierten Wertes dar. Ohne diesem Schritt ist eine Auswertung der in der Regelbasis hinterlegten Fuzzy-Regeln nicht möglich. Zusammenfassend wird in diesem Schritt eine Übereinstimmung eines scharfen Eingangswertes mit einer unscharfen Menge ermittelt und ausgegeben, mit welchen die weiteren Schritte arbeiten. Diesem wird somit eine Zugehörigkeit zugewiesen. Betreffend der Zugehörigkeitsfunktion können verschiedene Methoden, wie z. B. die trapezförmige oder dreieckige Zugehörigkeitsfunktion, verwendet werden.[4]

2.3 Inferenzverfahren und Regelbasis

Hier werden die Eingangs- und Ausgangsvariablen einander zugeordnet. Der Inferenzmechanismus dient zur Auswertung der Regeln einer Regelbasis bezüglich eines Fuzzy-Wertes. Diese Auswertung der Regeln gibt Aufschluss darüber, inwieweit eine Regel erfüllt ist. Die Regelbasis stellt sich als „wenn...und...dann..." oder „ wenn...oder...dann..." dar. Dies stellt die im ersten Fall die Schnittmenge zweier Fuzzy-Werte oder im zweiten Fall dessen Vereinigungsmenge dar, welche wie bereits

---

[3] Vgl. Zimmermann, H.; (1993); S. 107
[4] Vgl. Schröder, D.; (2010); S: 795 f.

beschrieben als linguistische Terme ausgedrückt werden.[5] Auf das von dem Autor gewählte Beispiel angewendet, kann es z. B. wie folgt ausformuliert werden:

- WENN die Geschwindigkeit sehr niedrig ist und der Abstand groß ist, DANN ist die Bremse sehr schwach.
- WENN die Geschwindigkeit sehr niedrig ist, ODER der Abstand groß ist, DANN ist die Bremse schwach.

Dieser Aufbau der Regelbasis stellt im ersten Abschnitt die Regeln (wenn, und/oder) und im zweiten Abschnitt die Aktionen (dann) dar. Diese Folgerungen sind meist nicht zu 100%, sondern mit einer gewissen „Zugehörigkeit" oder einem gewissen „Erfülltheitsgrad" wirksam.[6]

Wie bereits in den vorherigen Abschnitten gibt es auch für die Inferenz unterschiedliche Methoden zur Anwendung bzw. Umsetzung. Es analog des bisherigen Vorgehen wieder eine der in der Literatur am häufigsten anzutreffende Methode angeschnitten: Die MAX-MIN-Methode.

Das Inferenzverfahren umfasst drei Schritte, welche in der nachfolgenden Reihenfolge durchzuführen sind:

- Aggregation = ermitteln des Erfülltheitsgrades der Einzelprämissen
- Implikation = der Erfülltheitsgrad der Konklusion wird bestimmt
- Akkumulation = die Ergebnisse aus den Regeln werden zusammengefasst

Bei der <u>Aggregation</u> wird für eine Verknüpfung (und/oder) der Minimum-Operator auf die Erfülltheitsgrade der Einzelprämissen angewendet. Damit erhält man den Erfülltheitsgrad der Gesamtprämisse, also praktisch den Prozentsatz, zu dem die Regel gültig ist. Bei der <u>Implikation</u> muss berücksichtigt werden, dass die Konklusion der Regel nicht mehr mit 100%, sondern mit einem geringeren Anteil berücksichtigt werden

---

[5] Vgl. Thomas, O.; (2009); S. 170 f.
[6] Vgl. Kahlert, J.; (1995); S: 213

darf. Anschließend werden im letzten Schritt, der Akkumulation, die Ergebnisse der einzelnen Regeln zusammengeführt. Dies geschieht bei der MAX-MIN-Inferenz einfach durch das Bilden der Gesamtfläche.[7]

2.4 Die Defuzzifizierung

Die Defuzzifizierung ist der Gegenpart zur Fuzzifizierung uns stellt den abschließenden Schritt dar. Dieser beschreibt einen Vorgang, welcher einen scharfen Ausgangswert auf Basis der Fuzzy-Ausgangsmengen bestimmt. Aus allen mehr oder weniger wirksamen Folgerungen der Regelbasis zusammengenommen muss eine klar definierte Stellgröße gebildet werden. Die meist verbreitete Methode in der Literatur ist die Schwerpunkt-Methode oder auch Center of Gravity genannt. Hier wird der Schwerpunkt aus der Vereinigung der einzelnen Fuzzy-Ausgangsmengen gebildet. Leider kann aufgrund des Umfangs hier nicht genauer auf die Methode eingegangenen werden. Abschließend wird das Ergebnis in einen numerischen Wert umgewandelt.[8]

3. Darstellung der Funktionsweise des Fuzzy-Controllers anhand eines Beispiels

Um die Funktionsweise des Fuzzy-Controllers zu verdeutlichen, wird dieses anhand des Bremsvorgangs eines PKW ohne ABS dargestellt. Die Tatsache dass die Räder blockieren können und das Lenken erschwert, wird hier außer Betracht gelassen. Wie bereits in den vorhergehenden Beispielen zur Darstellung der Grundlagen, wird dieses durch die Variablen: Abstand zwischen den PKWs und/oder der Geschwindigkeit der PKWs geregelt wird.

In dieser Beispielanwendung für den Fuzzy-Controller wird ein von dem Autofahrer ein Bremsmanöver eingeleitet. Hierzu wird die geeignete Bremskraft (K) bestimmt. Wichtige Variablen für diesen Vorgang sind der Abstand (A) zu dem Hindernis und die eigene Geschwindigkeit des Fahrzeugs (G). Diese drei Werte stellen in diesem Fall die linguistischen Variablen dar.[9] Somit sind die beiden Eingangsgrößen der Abstand e1

---

[7] Vgl. Kahlert, J.; (1995); S: 213
[8] Vgl. Rehfeldt, D. M.; (1994); S. 56
[9] Vgl. Kahlert, J; et. al.; (1994); S. 131

und die Geschwindigkeit e2. Graphisch können diese Variablen wie folgt dargestellt werden:

Abbildung 1: Darstellung der linguistischen Variablen für den Bremsvorgang[10]

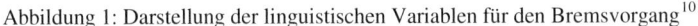

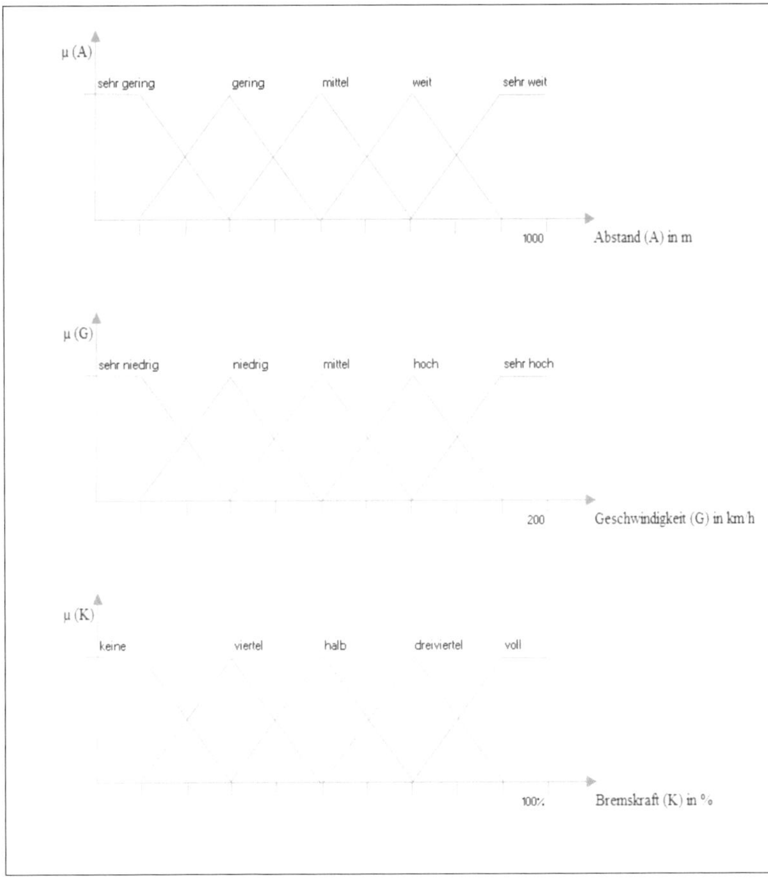

Im nächsten Schritt werden die Regeln für die Regelbasis aufgestellt. Hierzu gelten die zuvor genannten Variablen, für welche die zu erfüllenden Prämissen bestimmt werden.

---

[10] Eigene Darstellung, in Anlehnung an: Vgl. Kahlert, J; et. al.; (1994); S. 131 ff.

Regel 1:
WENN der Abstand zum Vordermann gering ist UND die eigene Geschwindigkeit sehr hoch ist, DANN muss die dreiviertelte Bremskraft aufgewendet werden.

Regel 2:
WENN der Abstand zum Vordermann weit ist UND die eigene Geschwindigkeit hoch ist, DANN muss die viertelte Bremskraft aufgewendet werden.

Regel 3:
WENN der Abstand zum Vordermann mittel ist UND die eigene Geschwindigkeit mittel ist, DANN muss die halbe Bremskraft aufgewendet werden.

Die drei aufgestellten Regeln stellen die aktiven Regeln dar, für welche am Ende des Vorgangs auch eine Defuzzifizierung des Ausgangswertes stattfinden kann. Es sind noch weitere Kombinationen und somit Regeln möglich, welche aber hier nicht weiter ausgearbeitet werden. Für die Abbildung des Fallbeispiels und dem damit verbundenen Ziel der Verdeutlichung des Vorgehens, reichen diese aus. Im Folgenden werden die drei Regeln graphisch abgebildet. Als Abstand wird ein Wert von 200 Metern und für die Geschwindigkeit ein Wert von 160 km/h angenommen.

Abbildung 2: Graphische Auswertung der Regeln[11]

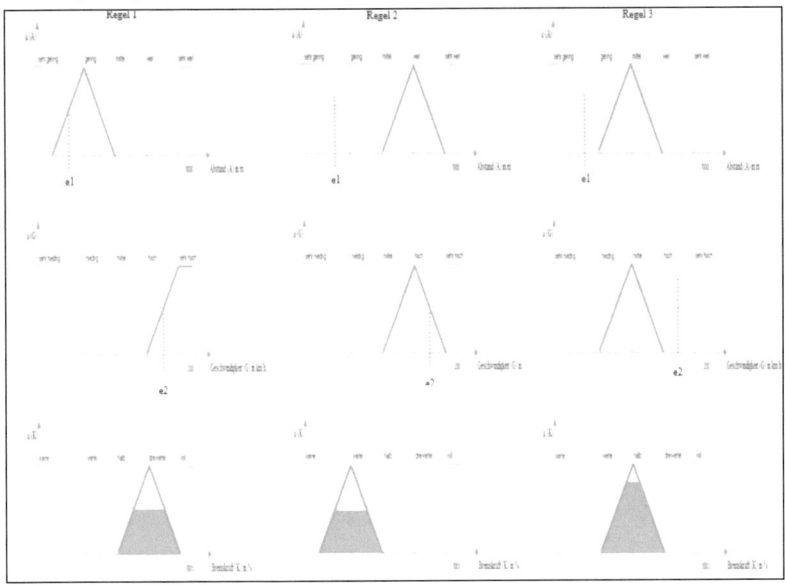

Auf Basis der ermittelten aktiven Regeln, können im weiteren Vorgehen die Ausgangswerte bestimmt werden. Für die Berechnung wurden bereits zu Beginn in der graphischen Darstellung der linguistischen Variablen, frei gewählte Werte hinzugefügt. Ein weiterer wichtiger Schritt ist die Bestimmung des Erfüllungsgrades (Hi). Die Prämisse der Regeln mit der UND Verknüpfung wird mit dem MIN-Operator angewandt.

H1 = MIN(μA gering (200 m), μG sehr _hoch (160km/h)= MIN(0.75,1)= 0.75
H2 = MIN(μA weit (200 m), μG hoch (160km/h)= MIN(0.25,1)= 0.25
H3 = MIN(μA mittel (200 m), μG mittel (160km/h)= MIN(0.25,1)= 0.25

Zur Ergebnisermittlung der Fuzzy-Menge wird ein MAX-Operator zur Vereinigung verwendet. Hierzu wird die Funktion μK angewandt:

[11] Eigene Darstellung, in Anlehnung an: Vgl. Kahlert, J; et. al.; (1994); S. 131 ff.

Formel 1: Funktion µK [12]

$$\mu K(K) = MAX(MIN(H1, \mu K1(K)), MIN(H2, \mu K2(K)), MIN(H3, \mu K3(K)))$$

Abschließend erfolgt die Defuzzifizierung. In diesem Beispiel wird die Schwerpunktmethode verwendet, welche die unscharfe Menge in eine scharfe Ausgangsgröße umwandelt.

Die entsprechende Formel zur Umwandlung ist:

Formel 2: Gleichung der Schwerpunktmethode [13]

$$u_s = \frac{\int_{u_{min}}^{u_{max}} u \cdot \mu_B(u)\, du}{\int_{u_{min}}^{u_{max}} \mu_B(u)\, du} \approx \frac{\sum_{i=1}^{q} u_i \cdot \mu_B(u_i)}{\sum_{i=1}^{q} \mu_B(u_i)}$$

Graphisch stellt sich das Ergebnis, welches sich mit dem Ergebnis aus der Berechnung in Formel 2 decken muss, wie folgt dar:

Abbildung 3: Darstellung des Ergebnisses aus der Defuzzifizierung

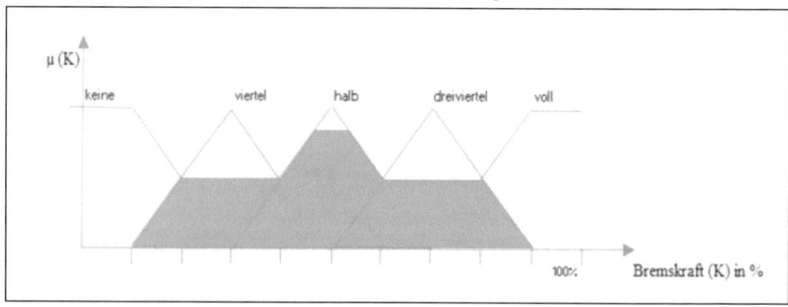

---

[12] Ottens, M.; Jaouad, S.; (2009); S. 35
[13] Ottens, M.; Jaouad, S.; (2009); S. 35

Für die Bestimmung der für eine Fuzzy-Menge spezifischen scharfen Größe erfolgt die Berechnung der Ausgangsgröße K. Dies erfolgt unter Verwendung der Formel 2. Der gesamte Vorgang des Anwendungsbeispiels ist mit diesem letzten Schritt abgeschlossen.

4. Abgrenzung des Fuzzy-Controllers zu regelbasierten Systemen ohne Fuzzy-Logik

Die nachfolgende Ausarbeitung baut auf den Vor- und Nachteilen des Fuzzy-Controllers und regelbasierten Systemen ohne Fuzzy-Logik auf. Mittels dieser Vorgehenslogik soll herausgestellt werden, welche Art von Systemen in der Praxis für die Anwendung geeigneter sind.

Gegenübergestellt kann man bei beiden Varianten feststellen, dass die Ausgangsgrößen von einer scharfen und eindeutigen Eingangsgröße abhängig sind. Ein erster Vorteil der Fuzzy-Regler gegenüber Regler ohne Fuzzy-Logik ist, dass dies auch für komplexe, nichtlineare Systeme zur Modellierung dieser angewandt werden kann. Hintergrund ist die Möglichkeit mit linguistischen Ausdrücken zu arbeiten, welches in der Anwendung einfacher ist als die Arbeit mit mathematischen Funktionen. Darauf aufbauend ist zu nennen, dass mittels der Fuzzy-Logik keine mathematischen Modelle notwendig sind. Als positiv erweist sich häufig die gute Nachvollziehbarkeit der Ergebnisse. Das unscharfe Modell basiert auf Erfahrungs- und Expertenwissen, was deutlich den Aufwand der Erstellung des Regelmodells minimiert. Ein weiterer Vorteil betrifft den Einsatz der unscharfen Werte, welche bei Änderungen (z. B. durch äußere Einflüsse), einfach umgesetzt werden kann. [14]

Als Nachteil der Fuzzy-Logik ist die Problematik, dass die unscharfen Aussagen zu ungenauen Werten bzw. Aussagen führen kann. Bei einem parallelen Einsatz ist kein Vergleich der Werte innerhalb der Durchführung oder formulierten Regeln möglich. Auch die fehlenden Automatisierungsmöglichkeiten, was bei Änderungen einen

---

[14] Vgl. Michels, K.; et. al.; (2002); S. 258 f.

manuellen Aufwand bedeutet und somit keine Lernfähigkeit wie bei neuronalen Netzen mitbringt, stellen einen Nachteil dar.[15]

5. Fazit und kritische Reflektion

In dieser Ausarbeitung wurde Fuzzy-Logik losgekoppelt von anderen Technologien betrachtet. An manchen Stellen ist es sinnvoll, Fuzzy-Logik mit anderen Technologien (z. B. neuronale Netze] zu verbinden, was aber in dem Umfang dieser Ausarbeitung nicht angeschnitten werden konnte. Mittels des Fuzzy-Controllers ist es möglich bestimmte Prozesse anhand von unscharfen Informationen zu steuern. Der große Vorteil daran ist, dass es mit einem geringen Aufwand realisiert werden kann. Dieser realisiert sich durch die einfache und intuitive Umsetzung der Regel-Controller, gegenüber Reglern ohne Fuzzy-Logik. Die genannten Vorteile überwiegen die Gefahr der Ungenauigkeit, da hier schnell eine Anpassung bzw. Nachsteuerung möglich ist. Insgesamt ist die Anwendung von Fuzzy-Controllern aus Sicht des Autors von Vorteil.

In der Ausarbeitung des Beispielfalls konnte ein Einblick in die Methodik der Fuzzy-Controller gegeben werden. Jedoch wurden hier in diesem Fallbeispiel äußere Einflüsse und technische Gegebenheiten (wie das fehlende ABS) außer Betracht gelassen, da dieses den Umfang erhöht und die Einfachheit des Beispiels genommen hätte bzw. in der erweiterten Struktur die Klarheit nehmen könnte. Zudem ist eine ausführliche Berechnung des Beispiels nicht möglich gewesen, da dieses bereits den Grundlagenteil und später die Ausarbeitung den Umfang dieser Arbeit übersteigt.

---

[15] Vgl. Michels, K.; et. Al.; (2002); S. 258 f.

Literaturverzeichnis

Kahlert, Jörg; Frank, Hubert; Fuzzy Logik und Fuzzy Control; 2. Auflage; Vieweg Verlag; Braunschweig/ Wiesbaden; 1994

Kahlert, Jörg; Fuzzy Control für Ingenieure; Springer Fachmedien GmbH; Wiesbaden; 1995

Michels, Kai; Klawoon, Frank; Kruse, Rudolf; Nürnberger Andreas; Fuzzy Regelung; Springer Verlag; Heidelberg; 2002

Rehfeldt, D. Markus; Koordination der Auftragsabwicklung; Gabler Edition Wissenschaft GmbH; Wiesbaden; 1996

Schröder, Dierk; Intelligente Verfahren; Springer Verlag; Berlin; 2010

Thomas, Oliver; Fuzzy Process Engeneering; GWV Fachverlage GmbH; Wiesbaden; 2009

Zimmermann, Hans-Jürgen; Fuzzy Technologien; VDI-Verlag GmbH; Düsseldorf; 1993

Internetquellenverzeichnis

Ottens, Manfred; Jaouad, Samira; Einführung in die Regelungstechnik mit Fuzzy-Logik; https://prof.beuth-hochschule.de/fileadmin/user/ottens/Skripte/Regelungstechnik_mit_Fuzzy-Logik.pdf; Berlin; 2009; zuletzt aufgerufen am 11.08.2016

BEI GRIN MACHT SICH IHR WISSEN BEZAHLT

- Wir veröffentlichen Ihre Hausarbeit, Bachelor- und Masterarbeit

- Ihr eigenes eBook und Buch - weltweit in allen wichtigen Shops

- Verdienen Sie an jedem Verkauf

Jetzt bei www.GRIN.com hochladen und kostenlos publizieren